北方地区常见观赏草图谱

张　静◎主编

中国海洋大学出版社
·青岛·

图书在版编目(CIP)数据

北方地区常见观赏草图谱 / 张静主编. —青岛：中国海洋大学出版社，2023. 9

ISBN 978-7-5670-3640-6

Ⅰ. ①北… Ⅱ. ①张… Ⅲ. ①草本植物－中国－图谱 Ⅳ. ① Q948. 52-64

中国国家版本馆 CIP 数据核字(2023)第 182444 号

BEIFANG DIQU CHANGJIAN GUANSHANGCAO TUPU

北方地区常见观赏草图谱

出版发行 中国海洋大学出版社

社　　址 青岛市香港东路 23 号　　**邮政编码** 266071

出 版 人 刘文菁

网　　址 http:// pub. ouc. edu. cn

订购电话 0532-82032573（传真）

责任编辑 孙玉苗　　**电　　话** 0532-85901040

电子信箱 94260876@qq. com

装帧设计 青岛汇英栋梁文化传媒有限公司

印　　制 青岛国彩印刷股份有限公司

版　　次 2023 年 9 月第 1 版

印　　次 2023 年 9 月第 1 次印刷

成品尺寸 170 mm × 230 mm

印　　张 4. 75

字　　数 80 千

印　　数 1—1000

定　　价 48.00 元

订购电话 0532-82032573（传真）

发现印装质量问题，请致电 0532－58700166，由印刷厂负责调换。

《北方地区常见观赏草图谱》编委会

编写单位：青岛市园林和林业综合服务中心

青岛博雅生态环境工程有限公司

领 导 组：曲森先　谭晓燕

主　　编：张　静

副 主 编：王继臣　李　青

编　　委：张　静　王继臣　李　青　曲启翔

刘小娣　王永涛　王庆峰　邹助雄

李建红　陈浙青　高　颖　董运斋

前言 PREFACE

观赏草是指以茎秆、叶丛为主要观赏部位的草本植物。其定义一般有广义和狭义之分。广义上的观赏草除了禾本科(Poaceae)植物之外,还包括莎草科(Cyperaceae)、木贼科(Equisetaceae)、灯芯草科(Juncaceae)、香蒲科(Typhaceae)、天南星科(Araceae)菖蒲属(*Acorus*)、天门冬科(Asparagaceae)山麦冬属(*Liriope*)、百合科(Liliaceae)沿阶草属(*Ophiopogon*)等中的具有观赏价值的草本植物,而狭义上的观赏草主要是指禾本科中具有观赏价值的草本植物。园林景观中常说的观赏草一般多指广义上的定义。

20世纪初,观赏草的种类尚不多。通过众多园艺学家长期的引种与选育,目前,观赏草有数百种,而且在造型、大小、色泽、开花时间以及适应性上有很高的异质性。我国观赏草资源丰富,但绝大多数野生观赏草资源还未被开发,应用的更是有限。山东地区观赏草资源主要分布在山区丘陵及湖泊周边地带,其中野生观赏草有百余种,主要是禾本科植物。目前的主要研究集中在野生观赏草资源调查和引种,观赏草选育、适应性、栽培技术、观赏价值、应用等研究较欠缺。

观赏草因观赏价值较高、适应性广、抗病虫能力强、养护成本低等特点,而具有非常高的开发及推广应用价值。随着城市园林绿化的发展,观赏草在花境、城市公园、街头绿地等得到广泛应用。引种和栽培技术的提高也使观赏草出现很多新品种。

2022—2023年我们先后在青岛、青州、济南等地进行了观赏草的调查,在调查基础上整理、编写了《北方地区常见观赏草图谱》。

本书收集了适宜于北方地区栽培的常见观赏草,对每种观赏草,均介绍了其分类地位、中文名、学名、形态特征、生态习性、园林应用,并配以图片进行直观呈现。本书可为从事观赏草分类、栽培等科学研究和园林规划设计的人员，以及植物爱好者提供参考资料。

本书在编写过程中参考了大量资料，力求内容的准确性和实用性。但由于水平有限，书中难免有遗漏和不当之处，敬请读者批评指正。

编　者

2023 年 7 月

目录 CONTENTS

一、木贼科 EQUISETACEAE

木贼属

木贼

学名:*Equisetum hyemale* L.
分类地位:木贼科木贼属

形态特征 株高可达 1 m。茎纤细有节。根状茎横走。地上茎直立;有脊,脊的背部呈弧形。叶绿色,鞘状。

生态习性 暖季型,多年生常绿草。喜光照,喜温暖,耐水湿,较耐寒。

园林应用 作为花境的点缀、庭院绿植隔断和盆栽。

二、禾本科 POACEAE

（一）竹属

芦竹

学名：*Arundo donax* L.

分类地位：禾本科竹属

形态特征　株高 3～6 m。具发达根状茎。秆粗，直立，具多数节，常生分枝。叶鞘长于节间，无毛或颈部具长柔毛。圆锥花序极大。花果期 9—12 月。

生态习性　暖季型，多年生。喜光照充足，喜温暖，耐半阴，耐水湿，较耐寒。对土壤适应性强。

园林应用　用于花境、水景。

花叶芦竹

学名：*Arundo donax* 'Versicolor'

分类地位：禾本科竹属

形态特征 植株整体似竹。株高1～3 m。根粗而多结。茎挺直，粗壮，近木质化，有间节。叶宽1～3.5 cm，互生，排成两列，弯垂，具黄白色条纹，颜色依季节不同而有变。圆锥花序形似毛帚，长10～40 cm，小穗通常含4～7朵小花。

生态习性 暖季型，多年生。喜光照充足，喜温暖，耐半阴，耐水湿，较耐寒。对土壤适应性强。

园林应用 多用于水景。

（二）芒属

细叶芒

学名：*Miscanthus sinensis* ‘Gracillimus’

分类地位：禾本科芒属

形态特征 丛生。株高1～2 m。秆密集直立。叶直立，纤细，顶端呈弓形，下表面疏生柔毛、被白粉，边缘粗糙。圆锥花序顶生，大型，由多数总状花序延伸的主轴排列而成。花初为红色，秋季转为银白色。花期9—10月。

生态习性 暖季型，多年生。喜光，耐寒，耐半阴，耐旱，耐涝，耐低温，耐贫瘠，长势旺盛，成型快。

园林应用 可作为花境的背景植物，也可孤植或作为盆栽。

花叶芒

学名:*Miscanthus sinensis* **'Variegatus'**

分类地位:禾本科芒属

形态特征　从生。株高 1.5 ～ 1.8 m。具根状茎。叶片长 60 ～ 90 cm,呈拱形向地面弯曲,整体呈喷泉样;浅绿色,有奶白色条纹,条纹与叶片等长。圆锥花序,深粉色。花期 9—10 月。

生态习性　暖季型,多年生。喜光,耐旱,耐低温,耐贫瘠。

园林应用　用于石景、花境,可以作为焦点植物使用。

晨光芒

学名:*Miscanthus sinensis* 'Morning Light'

分类地位:禾本科芒属

形态特征 株高1.2～1.5 m。叶直立、纤细,顶端呈弓形。圆锥花序顶生,花色由最初的粉红色渐变为红色,秋季转为银白色。花期9—10月。

生态习性 暖季型,多年生。喜光,耐半阴,耐旱,耐涝,耐低温,耐瘠薄,对气候的适应性强,不择土壤。

园林应用 用于石景、花境。

斑叶芒

学名:*Miscanthus sinensis* 'Zebrinus'

分类地位:禾本科芒属

形态特征 丛生。株高可达 1.2 m。叶鞘长于节间,鞘口有长柔毛。叶片长 20 ~ 40 cm,宽 6 ~ 10 mm,下表面疏生柔毛、被白粉,具黄白色环状斑。具芒,芒长 8 ~ 10 mm,膝曲,基盘有白色至淡黄褐色丝状毛。秋季形成白色大花序。

生态习性 暖季型,多年生。喜光,耐半阴,性强健,抗性强。

园林应用 可孤植或用于石景、花境。

白羽芒

学名:*Miscanthus sinensis* Anderss

分类地位:禾本科芒属

形态特征 株形优美,直立,丛生。盛花期株高 1.5 m。叶绿色。花序初期为粉红色,后逐渐变为白色,状如欲展翅飞翔的白鹤。

生态习性 暖季型,多年生。喜光,耐旱,耐低温,耐贫瘠,长势旺盛,成型快。

园林应用 用作花境背景。

悍芒

学名:*Miscanthus sinensis* **'Malepartus'**

分类地位:禾本科芒属

形态特征 株高 1.5 ～ 2 m,冠幅可达 1 m。叶片稀少,横向或下垂,秋季橘红色。叶片长 0.5 ～ 1 m,宽 10 ～ 15 cm。7 月下旬开花。圆锥花序前期粉色,后期银白色。

生态习性 喜光,耐旱,耐寒,耐贫瘠,长势旺盛,成型快。

园林应用 暖季型,多年生。可用于花境,也可孤植。

玲珑芒

学名:*Miscanthus sinensis* 'Ferner Osten'

分类地位:禾本科芒属

形态特征 植株低矮整齐。株高 0.8 m。叶灰绿色,直立,纤细。圆锥花序顶生。穗期 8—11 月。

生态习性 暖季型,多年生。喜光,耐半阴,耐旱,耐低温,适应性强,不择土壤。

园林应用 作为点缀植物,可一丛栽植于花盆、景石、路缘处,也可片植于花境。

（三）大油芒属

大油芒

学名：*Spodiopogon sibiricus* Trin.

分类地位：禾本科大油芒属

形态特征　丛生。株高 1.5 m。秆直立。叶片宽，条形，秋季由亮绿色转为紫色。圆锥花序大，前期浅绿色，微带紫色；后变为黄褐色。穗期 7—9 月。

生态习性　暖季型，多年生。喜光，耐旱，耐低温，耐贫瘠，长势强健，没有病虫害。

园林应用　秋季观色。是花园良好的孤植和背景植物。

（四）须芒草属

弗吉尼亚须芒草

学名：*Andropogon virginicus* L.

分类地位：禾本科须芒草属

形态特征　株高0.2～0.7 m。秆直立，纤细，近圆柱形，有时稍带紫色，无毛。叶色多样。花果期6—12月。

生态习性　暖季型，多年生。喜光，耐寒，耐旱，耐贫瘠。

园林应用　用于花境。

（五）蒲苇属

蒲苇

学名：*Cortaderia selloana*（Schult.）Aschers. et Graebn.

分类地位：禾本科蒲苇属

形态特征 植株高大挺拔。叶片鲜亮。花穗长而美丽。

生态习性 暖季型，多年生。对土壤要求不高，耐盐碱，在湿、旱地均可生长，可以短期淹水。较耐寒，四季均适于移栽。

园林应用 用于花境、水景，也可用于制作干花。

矮蒲苇

学名: *Cortaderia selloana* 'Pumila'

分类地位: 禾本科蒲苇属

形态特征 株高 1.2 m。叶聚生于基部,狭长,边缘有细齿。雌雄异株。圆锥花序大,羽毛状。雌花穗银白色,具光泽;小穗轴节处密生绢丝状毛,由 2～3 朵花组成。雄穗为宽塔形。花期 9—10 月。

生态习性 暖季型,多年生。喜温暖、阳光充足且湿润的气候,耐旱,耐低温,耐贫瘠,性强健。

园林应用 用于花境,也可用于制作干花。

花叶蒲苇

学名：*Cortaderia selloana* 'Silver Comet'

分类地位：禾本科蒲苇属

形态特征 抽穗株高1.8 m。叶有白色条纹，长势较慢。穗期8—9月。

生态习性 暖季型，多年生。对土壤要求不高，耐盐碱，在湿、旱地均可生长，可以短期淹水。耐低温，四季均适于移栽。

园林应用 用于花境、水景，也可用于制作干花。

金纹蒲苇

学名:*Cortaderia selloana* **'Splended Star'**

分类地位:禾本科蒲苇属

形态特征 常绿观赏草。茎极狭,高约 1 m,宽约 2 cm,下垂,边缘具细齿,呈灰绿色,被短毛。叶片金黄色。圆锥花序大。雌花穗银白色,具光泽;小穗轴节处密生绢丝状毛,由 2 ~ 3 朵花组成。雄穗为宽塔形。花期 9—10 月。

生态习性 暖季型,多年生。对土壤要求不高,耐盐碱,耐旱,较耐水湿,较耐寒。

园林应用 用于花境前景。

（六）羊茅属

蓝羊茅

学名：*Festuca glauca* Vill.

分类地位：禾本科羊茅属

形态特征 植株低矮整齐，叶片银蓝色。

生态习性 冷季型，多年生。喜光，耐寒，耐旱，耐盐碱，适应性强，抗病虫害能力强，忌积水。

园林应用 可于花境、草境、岩石园中作为点缀或进行片植，也可作为盆栽。

（七）针茅属

大针茅（巨针茅）

学名：*Stipa grandis* P. Smirn.

分类地位：禾本科针茅属

形态特征　株高 2 m。茎直立。狭窄的绿色叶片密集簇生。叶线形，略弯曲。花序大型，夏季银绿色至微紫绿色，后渐渐转为金黄色，能够很好地宿存到冬季。

生态习性　冷季型、多年生半常绿草。种植在排水良好的肥沃土壤中，喜全日照，耐低温。

园林应用　用于花境。

（八）侧针茅属

细茎针茅（墨西哥羽毛草）

学名：*Nassella tenuissima*（Trin.）Barkworth

分类地位：禾本科侧针茅属

形态特征 株高 0.6 m。叶密集丛生，细长如丝，呈弧形弯曲，状如喷泉。圆锥花序羽毛状，银白色，柔软下垂。穗期 5—6 月。

生态习性 冷季型、多年生半常绿草。喜光，耐半阴，耐低温。极耐旱，忌积水。喜欢冷凉的气候，夏季高温时休眠。抗病虫害能力强。

园林应用 即使在冬季叶片变成黄色时仍有很好的观赏性。在花境、草境、岩石园、旱景园中，与蓍草、松果菊、金光菊等宿根花卉搭配效果出众，用于营造迷幻的效果。也可作为盆栽。

（九）燕麦草属

燕麦草

学名：*Arrhenatherum elatius*（L.）Pressl
分类地位：禾本科燕麦草属

形态特征 植株粗壮。叶鞘平滑，稀被微毛。叶舌膜质，长约5 mm，长圆形，顶端易撕裂。叶片较宽。圆锥花序紧密，呈穗状。芒自稃体近基部伸出，长7～9 mm。花期8月。

生态习性 冷季型，多年生。喜湿润气候，能耐炎热，较耐寒。

园林应用 为地被植物，可成片植于草地、路缘、林缘，也可点缀于岩石缝间。

花叶燕麦草

学名:*Arrhenatherum elatius* 'Variegatum'

分类地位:禾本科燕麦草属

形态特征 株高 0.3 m。株丛高度一致。叶线形。叶片中间绿色,春季两侧乳黄色,夏季两侧由乳黄色转为黄色。圆锥花序。穗期 5—6 月。

生态习性 冷季型,多年生。夏季休眠,耐低温。

园林应用 在花境中作为前、中景植物。

（十）虉草属

丝带草（玉带草）

学名：*Phalaris arundinacea* var. *picta* L.

分类地位：禾本科虉草属

形态特征　密集丛生。株高0.5 m。叶片碧绿，有纵向的白色条纹。圆锥花序，穗为黄色。穗期6—7月。

生态习性　冷季型、多年生常绿草。喜光，耐半阴，耐盐碱，耐旱，在湿、旱地均可生长，耐低温，耐瘠薄，无病虫害，不择土壤，成景速度快。

园林应用　可作为地被，或在花境中作为前、中景植物。

（十一）小盼草属

小盼草

学名：*Chasmanthium latifolium*（Michx.）H. O. Yates

分类地位：禾本科小盼草属

形态特征 全光照下植株直立，遮阴环境下株形松散。株高可达 1.2 m。叶片长可达 20 cm，宽 2 cm，翠绿色。穗状花序风铃状，悬垂于纤细的茎顶端，突出于叶丛之上。花序初时淡绿色，秋季变为棕红色，最后变为米色。仲夏抽穗。花序宿存，冬季不落。

生态习性 暖季型、多年生半常绿草。为水生植物。土壤适应性强，耐阴。

园林应用 用于公园、庭院，观赏价值高。

（十二）芦苇属

芦苇

学名：*Phragmites australis*（Cav.）Trin. ex Steud.

分类地位：禾本科芦苇属

形态特征　植株高 1 ～ 3 m。地下有发达的匍匐根状茎。茎秆直立。节下被白粉。叶鞘圆筒形，无毛或有细毛。叶舌短，密生短毛。圆锥花序大，分枝多。小穗稠密、下垂。花果期 7—11 月。

生态习性　暖季型，多年生。喜光，耐旱，耐寒，耐瘠薄，耐水湿。

园林应用　用于水景。

彩叶姬芦苇

学名:*Phragmites australis* 'Feesey'

分类地位:禾本科芦苇属

形态特征 植株矮小,密集丛生。株形秀美,叶色变化丰富。株高 0.5 m。春季叶片具粉色条纹,后条纹转为白色,边缘绿色。圆锥花序,穗为黄色。穗期 5—6 月。

生态习性 暖季型,多年生。喜光,耐盐碱,耐旱,湿、旱地均可生长,耐低温,耐瘠薄。

园林应用 在花境中作为前、中景植物。

（十三）狼尾草属

狼尾草

学名：*Pennisetum alopecuroides*（L.）Spreng.

分类地位：禾本科狼尾草属

形态特征　丛生。株高0.3～1.2 m。须根较粗壮。秆直立。小穗常单生，偶有2～3枚簇生。在花序下常密被柔毛。

生态习性　暖季型，多年生。喜湿润气候，耐旱，耐沙土、贫瘠土壤，耐弱碱。

园林应用　用于花境。

紫穗狼尾草

学名:*Pennisetum orientale* 'Karley Rose'

分类地位:禾本科狼尾草属

形态特征 丛生。株高 1 m。叶春、夏季嫩绿色,线形,深秋转为黄色。圆锥花序穗状,形似狼尾,紫色。穗期 8—9 月。

生态习性 暖季型,多年生。喜光,耐半阴,耐旱,耐湿,耐低温,耐贫瘠,无病虫害,不择土壤,管理简易,养护成本低,成景速度快。

园林应用 花园中常作为路口、景石以及焦点处的点缀植物。

大布妮狼尾草

学名：*Pennisetum orientale* 'Tall'

分类地位：禾本科狼尾草属

形态特征 株高1.2 m。叶嫩绿色，线形。花穗细腻，呈白色。穗期6—10月。

生态习性 暖季型，多年生。喜光，耐旱，耐低温。栽植密度大时会出现倒伏现象。

园林应用 在花园中作为中景植物。

东方狼尾草

学名:*Pennisetum orientale* Pers.

分类地位:禾本科狼尾草属

形态特征 株高 0.7 m。叶嫩绿色,线形。花穗细腻,白色。穗期 5—10 月。

生态习性 暖季型,多年生。喜光,耐高温,耐旱,耐低温,不择土壤。

园林应用 在花园中作为中景植物。

小兔子狼尾草

学名:*Pennisetum alopecuroides* **'Little Bunny'**

分类地位:禾本科狼尾草属

形态特征 丛生。株高 0.5 m。叶嫩绿色,线形。圆锥花序穗状,形似兔子尾巴。穗小而量大,初为黄绿色,后变为白色。穗期 7—8 月。

生态习性 暖季型,多年生。喜光,耐半阴,耐旱,耐湿,耐低温,耐贫瘠,基本无病虫害,不择土壤,管理简易,养护成本低,成景速度快。

园林应用 在花园中片植或在花境中作为前、中景点缀植物。

（十四）蒺藜草属

绒毛狼尾草

学名：*Cenchrus longisetus* M. C. Johnst.

分类地位：禾本科蒺藜草属

形态特征 丛生。株高 0.6 m。叶嫩绿色，丝状。圆锥花序穗状，短而粗，形状似兔子尾巴，银白色。穗期 7—10 月。

生态习性 暖季型，多年生。喜光，耐半阴，耐旱，耐湿，耐低温，耐贫瘠，基本无病虫害。

园林应用 用于花境或作为盆栽。穗可用于制作干花。

羽绒狼尾草

学名:*Cenchrus setaceus*(Forssk.)Morrone

分类地位:禾本科蒺藜草属

形态特征 株高 0.8 m。叶嫩绿色。花序似狼尾,细而长,淡粉色。穗期 8—10 月。

生态习性 暖季型,多年生。对土壤要求不高,喜光,耐半阴,耐低温。四季均适于移栽。

园林应用 用于花境或作为盆栽。穗可用于制作干花。

火焰狼尾草（紫叶狼尾草）

学名：*Cenchrus setaceus* 'Fire Works'

分类地位：禾本科蒺藜草属

形态特征　丛生。株高 0.8 m。叶片线形，有彩色条纹，中间为紫红色，边缘为鲜红色。春天新生叶片色彩更加鲜艳，在阳光的照射下如同火焰般鲜亮，其因此得名。圆锥花序穗状，形似狼尾。穗为紫红色。穗期 6—8 月。

生态习性　暖季型，多年生。喜光。光照越好，色彩越美观。对土壤要求不严。不耐寒，在华东地区及以北需要保护越冬。

园林应用　是景观绿植，在花境中用于点缀，起到点睛的作用。在组合盆栽和单丛盆栽中也相当惹人注目。

（十五）拂子茅属

拂子茅（高丽羽毛）

学名：*Calamagrostis epigeios*（L.）Roth

分类地位：禾本科拂子茅属

形态特征　株高可达1 m。具根状茎。秆直立，平滑无毛或花序下稍粗糙。圆锥花序紧密，分枝粗糙。小穗淡绿色或带淡紫色，花果期5—9月。

生态习性　冷季型，多年生。耐干旱，耐强湿，耐盐碱。

园林应用　在花境中作为点缀或背景。

卡尔拂子茅

学名：*Calamagrostis acutiflora* 'Karl Foester'

分类地位：禾本科拂子茅属

形态特征 丛生。株高1.5 m。秆直立。叶片细长，绿色。圆锥花序，直立紧凑。穗绿色至淡紫色，后转为金黄色，秋季转为白色。穗期5—6月。

生态习性 冷季型，多年生。喜光，耐旱，忌积水，耐低温。在长江以南忌暴晒。

园林应用 在花境及草境中孤植、片植效果俱佳。为世界上应用广泛的花园植物。

（十六）乱子草属

粉黛乱子草

学名：*Muhlenbergia capillaris* Trin.

分类地位：禾本科乱子草属

形态特征　株高 30 ～ 90 cm，宽 60 ～ 90 cm。顶端呈拱形，绿色叶片纤细。顶生云雾状粉色花絮。花期 9—11 月。

生态习性　暖季型，多年生。喜光照，耐半阴。生长适应性强，耐干旱，耐水湿，耐盐碱，在沙土、壤土、黏土中均可生长。夏季为主要生长季。

园林应用　单株或单丛粉黛乱子草可作为特色观赏点或视觉焦点用于庭院空间、花境小品中。其也可片植于城市公园。成片种植可呈现出粉色云雾样的壮观景色。景观可由 9 月一直持续至 11 月中旬，观赏效果极佳。利用粉黛乱子草强烈的季相反差，可营造富有视觉冲击力的特色植物景观。

（十七）黍属

柳枝稷

学名：*Panicum virgatum* L.

分类地位：禾本科黍属

形态特征　株高1～2 m。秆直立，质较坚硬。叶片线形，两面无毛或上表面基部具长柔毛。花果期6—10月。

生态习性　暖季型，多年生。喜光，耐寒，耐旱，耐盐碱，耐贫瘠，抗病虫害能力强，管理简易，养护成本低，成景速度快。

园林应用　夏季观穗，秋季看叶。在花境及草境中孤植或片植。

重金属柳枝稷

学名:*Panicum virgatum* 'Heavy Metal'

分类地位:禾本科黍属

形态特征 株高 1.5 m。秆直立。叶春、夏季蓝绿色,秋季转为金黄色。开放型圆锥花序。穗淡红色。穗期 6—8 月。

生态习性 暖季型,多年生。喜光,耐旱,耐盐碱,耐低温,耐贫瘠。抗病虫害能力强,管理简易。要于早春平茬一次,以便于春季重新发芽。

园林应用 可作为花境、草境中的背景植物,也可单丛孤植。

谢南多厄柳枝稷

学名:*Panicum virgatum* 'Shenandoah'

分类地位:禾本科黍属

形态特征 从生。株高 1.2 m。秆直立。叶春季绿色,叶尖带红色;夏、秋季红色变多。开放型圆锥花序。穗鲜红色。穗期 6—8 月。

生态习性 暖季型,多年生。喜光,耐旱,耐盐碱,耐低温,耐贫瘠,抗病虫害能力强,管理简易,养护成本低,成景速度快。

园林应用 是优良的四季观赏草。可用于花境、草境,也可作为盆栽,观赏效果都很好。

（十八）金粱草属

蓝刚草

学名：*Sorghastrum nutans*（L.）Nash

分类地位：禾本科金粱草属

形态特征 直立丛生。抽穗时株高 0.9 m。叶春、夏季银蓝色，秋天变成橘黄色，整个冬季保持黄色。穗金黄色。穗期 8—10 月。

生态习性 暖季型，多年生。喜光，耐水湿，耐盐碱，耐低温，对土壤要求不严，四季均适合移栽。

园林应用 茎、叶、穗四季都具观赏性。可作为花境中的背景，也可单丛孤植。

（十九）赖草属

蓝滨麦

学名：*Leymus condensatus*（J. Presl）A. Love

分类地位：禾本科赖草属

形态特征 直立丛生。株高 1.2 m。叶片宽厚，四季蓝色。穗期 5—6 月。

生态习性 冷季型，多年生。喜光，抗旱，耐低温，抗空气污染，无病虫害。

园林应用 为优良的蓝色系观赏草品种之一。在花境中成片种植或单丛点缀。

（二十）画眉草属

画眉草

学名：*Eragrostis pilosa*（L.）Beauv.

分类地位：禾本科画眉草属

形态特征　秆丛生，直立或基部膝曲，高 0.15～0.6 m，直径 1.5～2.5 mm，通常具 4 节，光滑。圆锥花序舒展或紧缩。花果期 8—11 月。

生态习性　喜光，耐半阴，耐旱，耐低温，耐贫瘠，抗病虫害能力强。

园林应用　可片植或丛植，在岩石园、旱景园都可以作为点缀。

丽色画眉草

学名:*Eragrostis spectabilis*（Pursh）Steud.

分类地位:禾本科画眉草属

形态特征 丛生。株高 0.3 m。秆细密。叶嫩绿色。开放型圆锥花序呈淡粉红色,雾状。穗期 7—8 月。

生态习性 暖季型,多年生。喜光,耐半阴,耐旱,耐低温,耐贫瘠,抗病虫害能力强,管理简易,养护成本低,成景速度快。

园林应用 花序观赏性强。在花园中成片种植或单丛孤植效果都很不错。在岩石园、旱景园也可以作为点缀。

细叶画眉草

学名:*Eragrostis nutans*（Retzius）Nees ex Steudel

分类地位:禾本科画眉草属

形态特征 株高 0.5 m。叶绿色，纤细。圆锥花序。

生态习性 暖季型，多年生。喜光，耐半阴，耐旱，耐低温，耐贫瘠，抗病虫害能力强，管理简易，养护成本低，成景速度快。

园林应用 花穗飘逸，随风起舞。非常适用于花境，单丛点缀或成片种植均可。

（二十一）箱根草属

金叶箱根草

学名:*Hakonechloa macra* 'All Gold'

分类地位:禾本科箱根草属

形态特征　株高 0.5 m。叶片有黄绿相间的条纹,形如竹叶,呈喷泉状下垂。叶片秋季转为棕红色,冬季棕黄色,具有浓郁的日式园林风情。夏季抽穗,穗隐匿在层层叶丛之中。

生态习性　暖季型,多年生。喜半阴,忌阳光暴晒。不耐旱,忌积水。生长缓慢,大苗耐低温。非常适合阴生花园。

园林应用　鲜亮的叶片让它成为阴生花境的焦点,可使阴暗的角落显得明亮,与玉簪形成极佳的阴生组合。

三、百合科 LILIACEAE

（一）沿阶草属

麦冬

学名：*Ophiopogon japonicus*（L. f.）Ker-Gawl.

分类地位：百合科沿阶草属

形态特征 成丛生长。株高 0.3 m 左右。叶丛生，细长，深绿色，形如韭菜。

生态习性 冷季型，多年生。喜湿润。在降雨充沛、5～30 ℃的气候条件下能正常生长，最适生长气温 15～25 ℃，低于 0 ℃或高于 35 ℃生长停止。生长过程中需水量大，要求光照充足。

园林应用 为地被植物，可用于花境。

矮麦冬

学名：*Ophiopogon japonicus* var. *nana*

分类地位：百合科沿阶草属

形态特征 植株矮小，高 5～10 cm。叶丛生，无柄，窄线形，墨绿色，比同属其他种的细，革质，弯曲。夏季开淡蓝色小花，总状花序。花埋于株丛中，几乎看不到。花期 6—7 月。浆果蓝色。

生态习性 冷季型，多年生。耐阴性强，耐低温。较一般草皮耐践踏，不需要修剪，常常作为草坪植物使用。

园林应用 为地被植物，可用于花境。

玉龙草

学名：*Ophiopogon japonicus* 'Nanus'

分类地位：百合科沿阶草属

形态特征 植株秀丽，叶墨绿色，夏季开淡蓝色小花。

生态习性 冷季型，多年生。喜肥沃、排水良好的条件。需半阴到阴生环境。抗旱，在气候比较干燥的北方地区也可种植。生性强健，成活率较高，对土壤的适宜性极强。

园林应用 是优良的黑色系观赏草。可在花境中片植或作为点缀，也可作为盆栽。

（二）山麦冬属

短莛山麦冬（阔叶山麦冬）

学名：*Liriope muscari*（Decaisne）L. H. Bailey

分类地位：百合科山麦冬属

形态特征 植株秀丽，叶深绿色。

生态习性 冷季型，多年生。喜光，耐半阴，耐寒，耐旱，耐水湿，耐贫瘠和盐碱，抗病虫害。

园林应用 为地被植物，可用于花境、岩石园、旱景园，也可作为盆栽。

金边阔叶麦冬

学名：*Liriope muscari* 'Variegata'

分类地位：百合科山麦冬属

形态特征 植株矮小，高一般5～10 cm。叶丛生，无柄，线形。花期5—7月。浆果蓝色。

生态习性 冷季型，多年生。在潮湿、排水良好、全光或半阴的条件下生长良好。耐旱，耐低温，耐贫瘠和盐碱，抗病虫害。

园林应用 为地被植物，可用于花境、岩石园、旱景园，也可作为盆栽。

（三）吉祥草属

吉祥草

学名：*Reineckia carnea*（Andrews）Kunth

分类地位：百合科吉祥草属

形态特征 植株秀丽。茎呈匍匐根状。花芳香，粉红色。

生态习性 暖季型，多年生。喜温暖、湿润的环境，较耐寒，耐阴，对土壤的要求不高，适应性强，以排水良好的肥沃壤土为宜。

园林应用 为地被植物。

四、莎草科 CYPERACEAE

（一）细莞属

垂枝细莞（光纤草）

学名：*Isolepis cernua*（Vahl）Roem. & Schult.

分类地位：莎草科细莞属

形态特征 幼苗期植株向上生长，成熟后会自然下垂。纤细的叶片镶嵌着一朵朵小花，看起来像光导纤维。

生态习性 暖季型，多年生。喜阳，耐半阴，喜湿润环境。

园林应用 可作为盆栽或点缀于水景旁。

（二）水葱属

水葱

学名:*Schoenoplectus tabernaemontani*（C. C. Gmelin）Palla
分类地位:莎草科水葱属

形态特征 茎秆高,直,圆柱状。叶线形。

生态习性 暖季型,多年生。喜水,耐阴,耐寒。

园林应用 用于水景。

（三）莎草属

纸莎草

学名：*Cyperus papyrus* L.

分类地位：莎草科莎草属

形态特征 秆三棱柱形，簇生。叶基生，叶片退化为鳞片状鞘。苞片叶状。花序顶生，伞状。

生态习性 暖季型，多年生。在浅水中生长。喜温暖水湿环境，不耐寒，在北方需要保护越冬，耐阴。

园林应用 种植于水景边缘，可丛植、片植，也可孤植。茎秆可用于切枝。

风车草（旱伞草）

学名：*Cyperus involucratus* Rottboll

分类地位：莎草科莎草属

形态特征　秆挺拔，丛生，基部有棕色叶鞘，无叶片。苞片叶状，辐射开展。聚伞花序。

生态习性　暖季型，多年生。于浅水中丛生。喜温暖水湿环境，耐阴，耐低温。

园林应用　可作为盆栽，也可种植于水景中。

（四）薹草属

棕红薹草

学名：*Carex buchananii* Berggr.
分类地位：莎草科薹草属

形态特征 植株矮小，株形秀美。具根状茎。秆三棱柱形。叶丝状，棕红色。

生态习性 冷季型，多年生。喜光，耐湿，耐盐碱，可耐低温。

园林应用 可在花境、草境、水景旁边、岩石园中作为点缀或者片植，还可以作为盆栽。

细叶薹草

学名：*Carex duriuscula* subsp. *stenophylloides* (V. I. Kreczetowicz) S. Yun Liang & Y. C. Tang

分类地位：莎草科薹草属

形态特征 植株矮小，株形秀美。具根状茎。秆三棱柱形。叶线形，丛生，深绿色。

生态习性 冷季型，多年生。喜光，稍耐阴，耐旱性强，可耐低温，-10 ℃以上可以保持常绿，耐瘠薄，无病虫害。

园林应用 在花境、草境、岩石园中作为点缀，也可作为盆栽。

金丝薹草

学名：*Carex oshimensis* 'Evergold'

分类地位：莎草科薹草属

形态特征　株形秀美。植株矮小，高 20～40 cm。具根状茎。秆三棱柱形。叶线形，丛生，质地光滑，金黄色。

生态习性　冷季型，多年生。喜光，喜湿，耐半阴，忌积水，耐低温，耐瘠薄。

园林应用　为地被植物，在园林中应用广泛。可在花境、草境、岩石园中作为点缀或片植，也可作为盆栽。

埃弗里斯特薹草

学名:*Carex oshimensis* 'Everest'

分类地位:莎草科薹草属

形态特征 植株矮小,株形秀美。叶丛生,线形,深绿色,边缘白色。

生态习性 冷季型,多年生。喜光,耐阴,耐旱性强,可耐低温,耐瘠薄,无病虫害。

园林应用 可在花境、草境、岩石园中作为点缀,也可作为盆栽。

五、灯芯草科 JUNCACEAE

灯芯草属

灯芯草

学名：***Juncus effusus* L.**

分类地位：灯芯草科灯芯草属

形态特征　植株优美，株形秀雅。丛生。茎直立，圆柱形，淡绿色，内充满白色的髓心。叶为低出叶，鞘状或鳞片状，叶片退化为刺芒状。花期 4—7 月，果期 6—9 月。

生态习性　暖季型，多年生。喜温暖水湿环境，耐阴，耐低温。

园林应用　用于花境、水景。新品种较多。

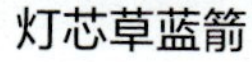

灯芯草蓝箭　灯芯草弯叶　灯芯草标枪　灯芯草蓝标　灯芯草星头

六、香蒲科 TYPHACEAE

香蒲属

香蒲

学名：*Typha orientalis* Presl

分类地位：香蒲科香蒲属

形态特征　植株优美。根状茎乳白色。地上茎粗壮，向上渐细。叶片条形，呈剑状，有香味。叶鞘抱茎。雌雄花序紧密连接。果皮具长形褐色斑点。种子褐色，微弯。花果期5—8月。

生态习性　暖季型、多年生、水生或沼生草本植物。喜光，耐阴，喜高温多湿气候，耐寒，生长适温为15～30 ℃。当气温下降到10 ℃以下时，生长基本停止；当气温升高到35 ℃以上时，生长缓慢。

园林应用　用于水景。

七、菖蒲科 ACORACEAE

菖蒲属

菖蒲

学名:*Acorus calamus* L.

分类地位:菖蒲科菖蒲属

形态特征 植株优美。叶茎生。叶片呈剑状。

生态习性 暖季型,多年生。喜光,耐阴,耐寒。

园林应用 用于水景。

金叶石菖蒲

学名：*Acorus gramineus* 'Ogon'

分类地位：菖蒲科菖蒲属

形态特征 植株有香味。叶直立，丛生，纤细，金黄色。

生态习性 暖季型，多年生。喜光，耐寒，耐旱，喜水湿，在湿、旱地均可生长，耐盐碱，耐瘠薄，抗病虫害能力强，不择土壤。

园林应用 为地被植物，可用于花境、水景，也可作为盆栽。

八、鸢尾科 IRIDACEAE

鸢尾属

鸢尾

学名:*Iris tectorum* Maxim.

分类地位:鸢尾科鸢尾属

形态特征 植株稍分散,基部围有老叶残留的膜质叶鞘及纤维。根状茎粗。叶青翠。花较大,宛若翩翩彩蝶。

生态习性 冷季型,多年生。喜水湿、微酸性土壤。

园林应用 用于花坛及庭院绿化,也可用作地被植物或作为盆栽。

玉蝉花

学名：*Iris ensata* Thunb.
分类地位：鸢尾科鸢尾属

形态特征 根状茎粗壮。叶条形，长 30～80 cm，宽 0.5～1.2 cm，两面中脉明显。花期 6—7 月，果期 8—9 月。

生态习性 冷季型，多年生。喜湿润，耐寒性强，性强健。对土壤要求不严，以疏松、肥沃的土壤为宜。

园林应用 适用于布置水生鸢尾专类园或在池旁或湖畔作为点缀，也是切花的好材料。

马蔺

学名：*Iris lactea* Pall.

分类地位：鸢尾科鸢尾属

形态特征 叶基生，坚韧；灰绿色，带红紫色；条形或狭剑形，顶端渐尖，基部鞘状；长约 50 cm，宽 4 ～ 6 mm；无明显的中脉。花茎光滑，高 3 ～ 10 cm。花期 5—6 月，果期 6—9 月。

生态习性 冷季型，多年生。对环境适应性强，长势旺盛，管理简易。节水，抗旱，耐盐碱，抗杂草，抗病、虫、鼠害。

园林应用 是优良的观赏地被植物。用于花境、道路两侧绿化隔离带和缀花草地。

九、苋科 AMARANTHACEAE

莲子草属

莲子草

学名：*Alternanthera sessilis*（L.）DC.

分类地位：苋科莲子草属

形态特征 株高0.1～0.45 m。圆锥根粗，直径可达3 mm。茎上升或匍匐，绿色或稍带紫色。叶片形状及大小有变化，有条状披针形、矩圆形、倒卵圆形等；长1～8 cm，宽2～20 mm。种子卵形。花期5—7月，果期7—9月。

紫色莲子草

生态习性 暖季型，多年生。水陆两栖，对湿度要求不严。生长适温为15～25 ℃。若温度低于0 ℃，会被冻死，通常不适于室外养护。

园林应用 是地被植物，可用于花境，也可作为盆栽。